美味木薯

手把手教您如何吃木薯

张雅媛 严华兵 主编

U0349653

中国农业科学技术出版社

图书在版编目（ＣＩＰ）数据

美味木薯：手把手教您如何吃木薯 / 张雅媛，严华兵
主编. -- 北京 ： 中国农业科学技术出版社，2016.12
　　　ISBN 978-7-5116-2779-7

　　　Ⅰ.①美… Ⅱ.①张… ②严… Ⅲ.①木薯－食谱
Ⅳ.①TS972.123.4

中国版本图书馆CIP数据核字(2016)第241006号

责任编辑　　张国锋
责任校对　　杨丁庆

出版者　　中国农业科学技术出版社
　　　　　　北京市中关村南大街12号　　邮编：100081
电　　话　　（010）82106636（编辑室）（010）82109702（发行部）
　　　　　　（010）82109709（读者服务部）
传　　真　　（010）82106631
网　　址　　http://www.castp.cn
经销者　　各地新华书店
印刷者　　北京卡乐富印刷有限公司
开　　本　　740mm×915mm　1/16
印　　张　　4.5
字　　数　　80千字
版　　次　　2016年12月第1版　2016年12月第1次印刷
定　　价　　48.00元

编写人员名单

主　　编：张雅媛　严华兵

副 主 编：李明娟　游向荣　孙　健

编写人员：王　颖　秦　钢　卫　萍　谢向誉
　　　　　李志春　陆柳英　周　葵　曾文丹

摄　　影：雷晓光　梁　星

序言

　　木薯原产南美洲，人类利用木薯的历史有4000年之久。1740年木薯首次引入亚洲，在印度尼西亚种植，到了十九世纪，在亚洲热带和亚热带地区广泛种植。1820年木薯由华侨从南洋（马来西亚）传入中国，在广东省高州一带种植，再传播到海南、广西、云南、福建等地。木薯用途广泛，不仅是重要的工业原料，用于生产淀粉、变性淀粉和酒精等，而且在生物医药和食品开发上用途广泛。二十世纪四五十年代，木薯作为华南地区重要的粮食作物，曾经救活了很多人。原农业部部长何康曾发动大家自力更生种植木薯以解决自身生存与发展的粮食问题，木薯成为"救命粮"。

　　食用木薯作为一种优质杂粮，口感新颖、营养丰富、绿色天然，具有较高的食用价值和广阔的加工利用前景。在不断追求膳食多元化的今天，食用木薯的出现，必将为人们优化膳食结构、增强体质健康、弘扬饮食文化等发挥独特的作用。

　　《美味木薯–手把手教您如何吃木薯》一书由广西农业科学院农产品加工研究所粮食与经济作物精深加工团队、广西作物遗传改良生物技术重点开放实验室木薯创新团队共同编写，这本书分为"鲜薯休闲时光""精致家常菜""全粉的幸福滋味"3个章节。精选了部分木薯的经典美食，配有详细的制作步骤，以图文并茂的形式直观地呈现在读者面前，通俗易懂、简单实用，只需要花几分钟将制作步骤阅读一遍，对各种做法便了然于心。当我翻开这本书的时候，就能感受到香气扑鼻、味蕾大开的满满幸福感，也许这就是木薯的魅力所在！希望每一位翻开这本书的朋友都能体会到：快乐原来可以很简单。

国家木薯产业技术体系首席科学家

前言

　　木薯（*Manihot esculenta Crantz*）是大戟科木薯属植物，耐旱抗贫瘠，广泛种植于非洲、美洲和亚洲等100余个国家或地区。木薯是三大薯类（马铃薯、甘薯、木薯）作物之一，热区第三大粮食作物，全球第六大粮食作物，是世界近六亿人赖以生存的粮食，被誉为"地下粮仓""淀粉之王"。

　　在很多人看来，木薯是饲料，是工业原料，总之与"美食"是有段距离的。其实，在木薯的故乡巴西，木薯被称为"食谱之根，生命之根"。经过蒸、炸、煎、炒、烩等烹饪技法的锻造，木薯丰富多样的产品会撩拨起你品尝的欲望。在非洲，木薯是最重要的主粮，养活六七亿人口。在南美，鲜木薯、木薯薯片等在超市随处可见；玉米木薯鸡肉汤是每日必备的汤汁；发酵木薯粉做成的香软可口的圈圈饼，配上一杯咖啡是人们享受的早餐。在东南亚，吃木薯叶和鲜木薯的习惯一直延续到现在，特别是印尼等国家还开发出木薯脆片等一系列木薯休闲食品。

　　二十世纪四五十年代，木薯是华南地区重要的粮食作物，曾经救活了很多人。原农业部部长何康曾发动大家自力更生种植木薯解决了自身生存与发展的粮食问题。联合国粮农组织2012年发布研究报告指出，种植木薯可为贫困国家和地区确保粮食及能源安全提供长期保障。

食用木薯特指木薯新鲜块根中氰化物含量低于50mg/kg的甜味木薯。鲜薯清香可口，细嫩松软，营养价值丰富，其块根富含淀粉、膳食纤维、维生素及钙、磷、钾、锌、镁等矿物质。另外，木薯抗病虫害能力强、耐贫瘠，在种植过程中可全程不需要使用农药，是天然健康的无公害薯类杂粮。木薯作为优质杂粮，用于制作菜肴或其他食品，不仅风味独特、味道鲜美，而且营养丰富，有益健康，可满足消费者对天然、营养、美味、健康、安全的需求。

木薯的吃法多种多样，我们根据研究成果和南方宴席配菜标准，挑选了一些富有特色且便于操作的美食。逐一试做成功后，制作成图片，并配以详细的制作步骤介绍，以便您照着图书一步步操作就可以做出美味的菜肴，通过此书向读者展示木薯的食用方法。在此感谢李英柱厨师在第二章节精致家常菜制作上给予的帮助。

只要你翻开这本书，找到一款你喜欢的美食，就可以按照上面的步骤简单地制作出来，当色香味俱全的木薯食品呈现在你眼前，并与家人、朋友一起分享时，你会发现，生活充满乐趣和满满的幸福，只有亲身体验过这份欣喜和满足感的人才能感受得到。期待通过此书教会各位读者如何享受木薯的美味，并为大家的生活增添快乐和健康。

本书的出版得到了广西农业厅广西农业科技重点项目和南宁市科学研究与技术开发计划项目"食用木薯'种植-加工'关键技术研发与示范推广"2个项目的资助，在此一并表示感谢。

由于编者知识水平有限，书中难免存在一些疏漏或不足之处，敬请广大读者批评指正。

编 者
2016年7月于南宁

目录

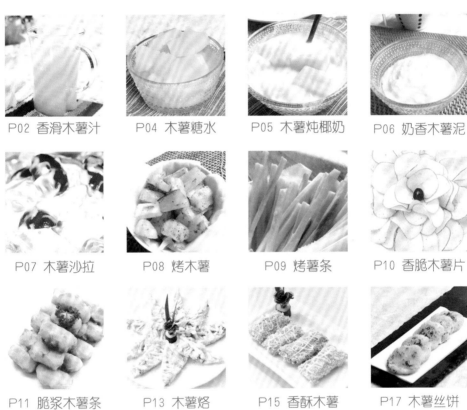

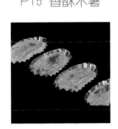

Part two *02*
精致家常菜 >>

Part Three *03*
全粉幸福滋味 >>

书中计量单位换算如下：1茶匙≈5克，1汤匙≈15克

第1章

鲜薯休闲时光

你对木薯的印象是什么？在很多人眼里，木薯也许并不讨喜。其实它树皮一样的外衣下却是货真价实的美味，即便只是简单的蒸木薯，调入一点点糖和盐，也绝不会让你失望。一杯香滑浓郁的木薯汁，一碗甜而不腻的木薯糖水，暂时放下繁杂的工作，享受一份鲜薯的休闲时光。

香滑木薯汁

主料：木薯200g、饮用水800mL
辅料：白砂糖40g

做法

❶ 用刀切去木薯块根头尾，再沿着块根纵向从上到下切开木薯厚厚的表皮，用手剥除木薯表皮。

❷ 将木薯洗净、切段，隔水蒸30分钟左右。

❸ 将蒸熟的木薯去除中间的纤维硬芯。

❹ 放入打浆机中，加入烧开的热水、糖等。

❺ 用打浆机搅拌5分钟左右，打至细腻均匀即可。

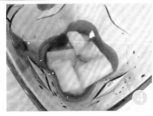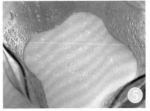

小贴士

1. 食用木薯也可使用普通的蔬菜削皮器来去除表皮。若直接食用蒸木薯，可根据个人口味在蒸薯前加入少量的盐和糖调味。

2. 制作木薯汁时，使用黄色品种的木薯，打出来的汁颜色更好，糖可根据喜好酌量增减，也可加入牛奶、蜂蜜等。不同功率和品牌的打浆机搅拌时间不同，可根据情况调整。

木薯糖水

主料：木薯200g、饮用水600mL
辅料：白糖2茶匙

做法

❶ 木薯去皮，切成小块，放入锅中。

❷ 加入水，大火煮开，然后改为小火，煮20分钟左右。

❸ 放入糖煮溶，烧开。

小贴士

注意切木薯时，最好将木薯刨开，切去中间的纤维硬芯。

木薯炖椰奶

主料：木薯200g、椰奶500mL
辅料：白糖1茶匙

做法

① 木薯去皮、切成小块，切去中间的纤维硬芯，过冷水，放入锅中。

② 加入椰奶，中火煮开，改为小火煮15分钟。

③ 加入白糖，轻轻地搅拌至糖溶解，再煮10~15分钟即可。

小贴士

木薯椰奶放凉时会比热时更加浓稠，要控制好煮的浓度。

奶香木薯泥

主料：木薯200g
辅料：黄油20g、牛奶50mL、盐1/2茶匙

做法

❶ 木薯去皮、洗净、切段。放入锅中，加水、少量盐，煮20~25分钟，捞出沥干水，除去纤维硬芯。

❷ 将煮熟的木薯切小块，趁热加入黄油块、1/2茶匙盐，用工具捣成泥。

❸ 木薯捣成泥后，倒入热牛奶，继续捣烂，充分搅拌均匀。

小贴士

1. 木薯要煮得够软，煮好的木薯用叉子可以轻松戳穿。

2. 黄油要用黄油块，牛奶最好提前加热，牛奶的用量可根据实际情况调节。

3. 木薯捣泥时，最好使用专门的捣泥工具，或借助勺子等，不要用料理机来制木薯泥。

木薯沙拉

主料：木薯200g、小番茄50g
辅料：沙拉酱4汤匙、酸奶1汤匙、盐适量

做法

❶ 木薯去皮、洗净、切成大小均匀的小块，上锅蒸熟。

❷ 番茄洗净切块。

❸ 待木薯放凉后，与番茄混合，加沙拉酱、酸奶、盐搅拌均匀。

小贴士

1. 如果用水煮熟木薯，捞出后要控干水分。

2. 可根据个人喜好添加熟玉米粒、胡萝卜丁等其他新鲜果蔬和火腿丁等，营养更丰富。

烤木薯

主料：木薯200g
辅料：橄榄油、烧烤调味料适量

做法

❶ 木薯去皮、切段，放入锅中，加水、少量盐，煮15分钟左右。
   捞出木薯，除去纤维硬芯，切小段，备用。

❷ 将木薯放入碗中，加入适量烧烤调味料、橄榄油，拌匀。烤盘
   铺油纸、均匀涂上一层橄榄油，把拌好木薯铺在烤盘上。

❸ 烤箱中层200℃烤30分钟左右。

烤薯条

主料：木薯150g
辅料：黄油10g、盐少许

做法

① 木薯去皮，切成长条，用水冲去表面淀粉。

② 将木薯条放在沸水中漂烫2分钟，捞出薯条，用冷水冲，然后用厨房纸
擦干表面水分。

③ 烤盘铺油纸、均匀涂上一层融化的黄油，把薯条铺在烤盘上，表面刷黄
油，烤箱中层230℃烤20分钟左右。

小贴士

1. 烤薯条前将薯条放在冰箱冷冻一下，烤出来的薯条更加酥脆，不易粘连，冷
冻时薯条彼此之间不能接触，最好铺在盘子上冷冻。

2. 烤薯条要根据烤箱和薯条的大小来控制时间。

3. 烤出来的薯条可根据喜好趁热撒椒盐等调味。

香脆木薯片

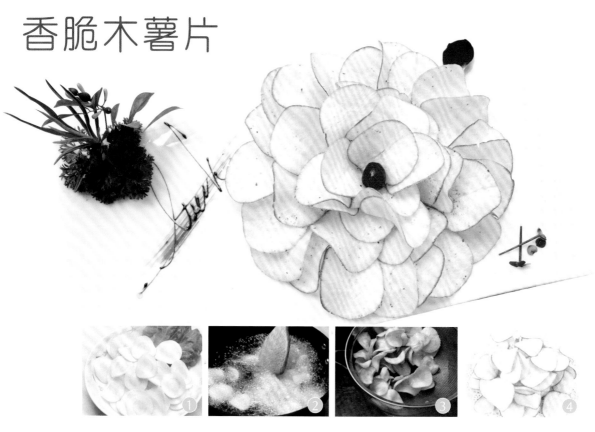

主料：木薯200g

辅料：油、椒盐适量

做法

❶ 木薯去皮，切成薄片，过冷水（去掉多余的淀粉），沥干水分备用。

❷ 锅中放油，待油温升高，微微冒烟，放入木薯片。

❸ 大火炸至木薯片由白色转为金黄色后，捞出沥油。

❹ 装盘，撒上椒盐即可食用。

小贴士

1. 炸薯片时，一次放入的木薯片不宜过多，漂起来的薯片满锅就不要再放了。

2. 大火炸，木薯片更加酥脆，但注意控制时间，不要炸过头。

3. 木薯片香脆可口，相比马铃薯片，吸油更少，更健康。

脆浆木薯条

主料：木薯200g
辅料：水、淀粉适量

做法

❶ 木薯切条，过水煮至断生，淀粉加水调成淀粉糊。

❷ 将木薯条表面挂匀淀粉糊。

❸ 锅中放油，待油温升高，放入木薯条，大火炸至色泽金黄，
捞出沥油，装盘。

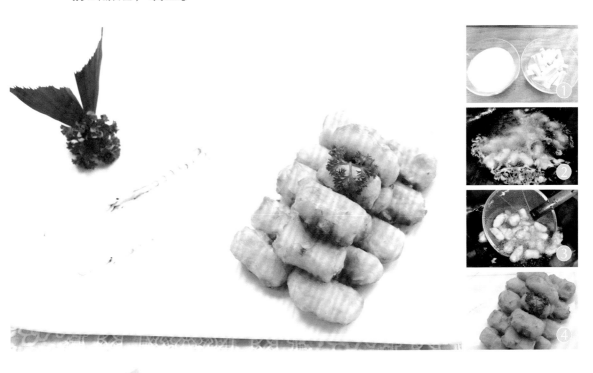

小贴士：脆浆木薯条可以搭配盐、椒盐和番茄酱等作为蘸料。

木薯烙

主料：木薯200g

辅料：食用油、白砂糖、吉士粉、生粉适量

做法

❶ 木薯去皮、切成细长条，用水冲去表面淀粉。

❷ 加入适量的白砂糖抓匀，撒入吉士粉、生粉拌匀。

❸ 将拌好的原料均匀铺在锅底，然后倒入少量热油压实。

❹ 沿锅边徐徐加入热油，炸至金黄色，捞出沥油，切块、上碟即可。

小贴士

1. 生粉的配比应该稍多于吉士粉。

2. 在完成步骤❷后要提前热好食用油。

香酥木薯

主料：木薯150g
辅料：食用油、蛋黄、白砂糖、芝士粉、威化纸、
　　　面包糠、沙拉酱适量

做法

① 木薯去皮，切成长方形片状。芝士粉与糖按1:2的比例混匀。蛋黄打散备用。

② 锅中倒入清水烧热，放入木薯片烫漂2~3分钟，捞出充分沥干水分备用。

③ 将沥干水后的木薯片表面裹上混匀的芝士粉和糖，用威化纸包裹好。

④ 蘸上调好的蛋黄液。

⑤ 最后裹上面包糠。

⑥ 将裹好面包糠的木薯放入油锅中炸2~3分钟，翻面再炸，炸至两面金黄后盛出装盘，表面挤上沙拉酱即可。

木薯丝饼

主料：木薯200g
辅料：食用油、白糖适量

做法

① 木薯去皮，用多用刨擦成细丝状。

② 加入白糖调味，搅拌均匀。

③ 锅中放油，加热，把木薯丝团成小团，放入锅中，压成小饼。

④ 煎至两面金黄即可。

1. 木薯擦成丝时越细越好，也可将木薯擦成泥状薯蓉，可尝到完全不同口感的木薯饼。

2. 煎木薯时尽量用锅铲将薯饼压薄，这样比较容易煎熟。

3. 可根据个人喜好把糖改为盐，加入葱花。

香煎木薯肉饼

主料：木薯100g、猪肉馅200g、玉米粒50g
辅料：植物油、白糖、盐、鸡精、香葱适量

做法

① 去皮后的木薯切丁，香葱切末，木薯丁过水煮5~6分钟。

② 木薯丁中加入猪肉馅、玉米粒、香葱末，少量白糖、盐、鸡精搅拌均匀。

③ 锅烧热，加少量油，将搅拌均匀后的材料揉成小团，放入锅中。

④ 用锅铲将小团轻轻压扁，小火煎至一面金黄后再煎另一面。

⑤ 待木薯丁变软至熟透，装盘即可。

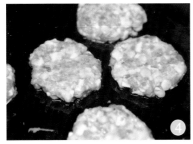

小贴士

1. 在揉小团时，手心内涂点油，不易粘手。

2. 压小团的过程中，在锅铲底面适当抹点植物油，可以防止小团粘住锅铲上。

主料：
木薯蓉100g
辅料：
白糖30g、
牛奶40mL、椰蓉、
黄油适量

木薯椰蓉糕

❶ 将木薯用擦泥工具擦成薯蓉。

❷ 将木薯蓉倒入碗中，加入白糖、牛奶，混合均匀。

❸ 取一平底碗，底部四周刷上一层液态黄油，然后将混合好的木薯蓉倒入碗中，上锅隔水蒸50～60分钟，蒸至木薯蓉呈凝固状。

❹ 将蒸好的木薯糕放入冰箱冷藏，待完全冷却凝固后取出切块，在表面均匀地滚满椰蓉。

步骤❸也可使用微波炉高火微波15～20分钟来制作木薯糕。

主料：
木薯300g

辅料：
鸡蛋1个、黄油20g
胡萝卜、盐、白糖适量
芝士片

芝士焗薯泥

① 将木薯切块，锅中放水煮熟。将煮熟的木薯去芯，用勺子压成泥状，或其他工具捣成薯泥。

② 将鸡蛋、融化的黄油、胡萝卜、盐、白糖依次放入木薯泥中，搅拌均匀。

③ 将搅拌好的薯泥装入裱花袋中，挤入模具。

④ 芝士切片，平铺在薯泥上。

⑤ 放入烤箱，上火210℃，下火180℃，烤15分钟，取出，放凉即可食用。

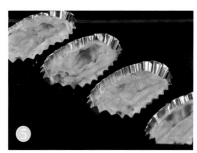

第2章

精致家常菜

家常菜最大的魅力在于它的简单，美味。木薯看似平凡无奇，却可以和许多食材搭配，煎炒烹炸，变化出各种不同的味道，它完全可以替代土豆，百搭的特性招人喜爱。木薯营养价值丰富，何况你还不用担心它会让你变胖，如果你今天不知道吃什么，就吃木薯吧。

桂花木薯

主料：木薯300g
辅料：桂花蜜适量

做法

❶ 木薯去皮、洗净、切成长条。

❷ 锅中烧适量清水，水开后，把木薯条放入热水中煮熟。

❸ 捞出后马上浸入凉水过凉后，沥干水分，将木薯条摆盘，淋上桂花蜜即可。

> 桂花蜜可根据个人喜好改成蓝莓酱等。

凉拌木薯片

主料：木薯 150g

辅料：生抽1汤匙、醋1/2汤匙、辣椒油1/2汤匙，盐、鸡精、糖少量，蒜末、花椒油、香油适量

做法

① 将木薯去皮、切成薄片。

② 将切好片的木薯放入热水中漂烫煮熟。

③ 捞出木薯片，立即放入冰水中浸泡冷却，然后捞出沥干水分。

④ 加入备好的辅料，拌匀。

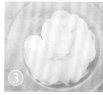

小贴士

切木薯片时尽量切薄片，这道菜简单快捷、清脆可口，非常美味。

葱香木薯

主料：木薯200g
辅料：香葱10g、盐1/2茶匙、植物油适量

做法

❶ 木薯去皮、洗净，切薄片，香葱切成末。

❷ 将木薯片过水焯烫。

❸ 炒锅烧热，倒入植物油，油热后，加入木薯片，大火翻炒几分钟，
加入适量盐调味。

❹ 洒上香葱末，快速翻炒均匀，即可出锅。

木薯不一定要搭配荤腥，它十分适合纯素，几棵香葱就可以体现出木薯的原香。

素炒木薯片

主料：木薯150g、木耳20g、西芹20g

辅料：盐1/2 茶匙、鸡精1/4茶匙、水淀粉1汤匙，油、蒜、红椒、糖适量

做法

① 木薯、红椒、蒜切片，木耳水发，西芹切段。

② 将木薯和泡发后的木耳、红椒过水焯烫。

③ 锅中放油，放入蒜片和红椒炒香，倒入木薯片、木耳、西芹，

　　加盐、少许糖、鸡精翻炒均匀。

④ 淋入少许水淀粉勾芡，出锅装盘。

木薯小炒肉

主料：猪五花肉200g、木薯100g
辅料：葱、蒜、青红椒、老抽、生抽、盐适量

做法

❶ 五花肉切薄片，青、红椒斜切长条，蒜切片，小葱切段，木薯切片，
  过水焯烫。

❷ 锅中倒少许油，油热后倒入猪五花肉，中火翻炒，当肉片变白时加
  入适量老抽上色，盛出。

❸ 锅中倒油，入蒜片爆香，加入青红椒大火翻炒，加入木薯片翻炒，
  再加入炒好的五花肉，烹入生抽，放盐调味。

木薯炒鸡肉

主料：鸡肉200g、木薯150g
辅料：生抽1汤匙、料酒1/2汤匙、蚝油1茶匙、盐1/2茶匙，
　　　胡萝卜、红椒、糖、水淀粉适量

做法

❶ 木薯、鸡肉、胡萝卜、红椒斜刀切成薄片。

❷ 木薯片过水焯烫，捞出备用。

❸ 锅中倒入油加热，待油温五成热时，将鸡肉片倒入锅中翻炒，当鸡肉片略微
　发白时，淋入生抽、蚝油、料酒，加入盐、糖，继续翻炒。

❹ 加入木薯片、胡萝卜、红椒大火翻炒，淋入水淀粉勾芡即可出锅。

木薯炖牛肉

主料：木薯150g、牛肉200g

辅料：生抽1汤匙、料酒1汤匙、盐1茶匙，红椒、姜、蒜、油适量，高汤

做法

① 木薯、牛肉切块，红椒、姜、蒜切片备用。

② 锅中下少许油，加入牛肉煸炒。

③ 牛肉变色后，加入木薯块。

④ 加入红椒、姜、蒜片，淋入少许料酒、生抽一起翻炒。

⑤ 加入高汤，添加适量盐调味后，用小火炖20分钟。

⑥ 煮到汤汁变少、浓稠，大火收汁即可。

小贴士

1. 牛肉应横切，将长纤维切断，不能顺着牛肉纹路切。

2. 可适量添加胡萝卜、青椒等蔬菜，丰富菜的营养价值。

金沙木薯

原料：木薯200g、咸蛋黄2个
辅料：淀粉、盐适量

做法

① 木薯去皮、洗净、切长条，咸蛋黄用小勺压碎备用。

② 木薯过水煮至断生。

③ 将煮好的木薯裹上湿淀粉，再放入干淀粉充分拌匀。

④ 锅中放油，五成热时放入木薯条，慢火炸至金黄色，捞出沥油。

⑤ 锅中留少许油，放入压碎的咸蛋黄，小火慢慢炒，当咸蛋黄炒出泡沫时，即倒入炸好的木薯条，加入盐调味，轻轻翻炒均匀即可出锅。

金丝凤尾虾球

主料：木薯300g、虾10只
辅料：盐、吉士粉、香炸粉、沙拉酱适量

做法

1 木薯去皮、洗净、切丝。虾去头、去壳（留尾巴少部分壳）、去虾线，开边备用。

2 将木薯丝撒上吉士粉，拌匀。

3 热锅下油，将木薯丝炸成金黄色。

4 用水将香炸粉调成脆浆，虾表面裹上脆浆，下锅炸成金黄色，虾仁卷起，起锅沥油。

5 将炸好的虾蘸上沙拉酱，放入木薯丝中，用双手滚动，裹满木薯丝，留出虾尾。

6 摆盘装碟。

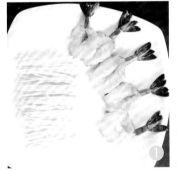

小贴士

木薯切丝尽量要细，利于包裹虾球。

拔丝木薯

主料：木薯300g、白糖90g
辅料：油适量

做法

① 木薯去皮、洗净、切成大小均匀的滚刀块。

② 锅中注油，烧至五成热，加入木薯块。

③ 炸至外壳色泽变黄时捞出沥油。

④ 将油全部倒出，直接倒入白糖。

⑤ 小火，不停用铲子轻轻搅动，使白糖融化。

⑥ 将白糖慢慢熬至浅棕色，隐约可见丝状物。

⑦ 迅速将炸好的木薯块下锅，快速翻炒均匀。

⑧ 装盘。

小贴士

1. 熬糖汁时要掌握好火候，当糖汁变微黄时，调成最小火。
2. 可在盘子上抹一点芝麻油，以便于清洗。

酿炒木薯片

主料：木薯200g、淀粉50g、肉100g
辅料：蒜、姜、葱、盐、酱油、胡椒粉、鸡精、料酒、青红椒适量

做法

① 木薯去皮、洗净，切成长方形片状。将肉绞碎，用淀粉、盐、酱油、鸡精、胡椒粉调味，制成肉胶。

② 把木薯片两面粘一层淀粉，酿上肉胶。

③ 热锅放少许油，把酿好的木薯片下锅，煎至两面金黄色，起锅沥干油。

④ 热锅放油，爆炒蒜、姜、葱头至香，放盐、鸡精、料酒、水调味，用淀粉勾芡，下煎好的木薯片，翻炒。

⑤ 加入红辣椒和青椒块，翻炒几下，出锅装盘。

小贴士

做肉胶的肉可选肥瘦肉。

海鲜薯丁炒饭

主料：木薯30g、熟米饭200g、鲜虾仁20g、鸡蛋2个、红萝卜15g、青瓜15g
辅料：葱5g，盐、胡椒粉、鸡精适量

做法

❶ 木薯去皮、洗净、切丁。红萝卜、青瓜切丁，葱洗净切末。熟米饭用蛋黄拌匀。

❷ 把锅烧热，热油，将木薯丁过油，起锅沥油待用。

❸ 热油下虾仁、红萝卜、青瓜翻炒，再下木薯丁。

❹ 放入米饭翻炒拌匀，加入盐、鸡精、胡椒粉调味。

❺ 表面撒葱花，出锅装盘。

木薯浓汤

主料：木薯200g
辅料：黄油15g、洋葱20g，牛奶、盐适量，法香少许

做法

① 木薯洗净、去皮，切成小块，下锅煮熟，洋葱切丁。

② 锅中放黄油，开小火。

③ 黄油融化后放入洋葱，不停地翻炒，直到洋葱变软。

④ 放入木薯丁，再翻炒一会，加入少量清水将木薯煮软。

⑤ 将木薯和洋葱等盛入容器中，用料理机搅拌至顺滑，重新倒入锅中，根据口味加入牛奶、盐等调味。

⑥ 撒上法香碎装饰即可。

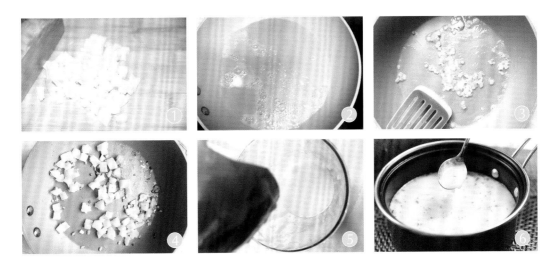

如果你有可食用的木薯叶，可以在步骤⑥中加入木薯叶，木薯叶中含有丰富的蛋白质和维生素，营养功效显著。

木薯排骨汤

主料：木薯200g、排骨300g
辅料：姜、盐、料酒、鸡精适量

做法

❶ 排骨洗净，斩成小块。木薯去皮、洗净、切块，姜切片。

❷ 将排骨放到开水锅里焯烫，直至没有血水出来为止，捞出冲洗干净。

❸ 把排骨放入电炖锅中，加姜片、料酒、足量的水，大火煮开，再转小火炖半小时。

❹ 放入木薯炖至熟烂，加入盐、鸡精调味即可起锅。

小贴士

1. 水要一次性放够，如果中途发现水少，加水就不好喝了。

2. 可加入玉米、胡萝卜、香菇等其他蔬菜。

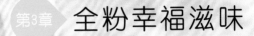

第3章

全粉幸福滋味

　　木薯全粉是将新鲜木薯的块根简单地去皮、干燥、粉碎得到的，因此，它比木薯淀粉含有更多的膳食纤维和矿物质，同时也保留了天然木薯的风味。相比于小麦粉，它无麸质，可以带给你更全面的营养。一起来享受木薯全粉的幸福滋味吧，它绝不会让你失望的。

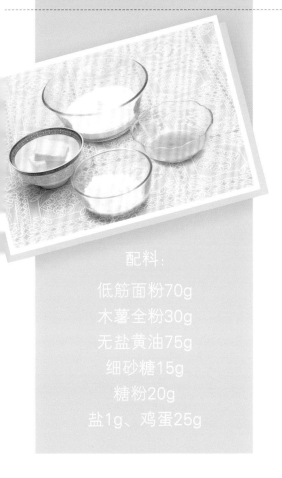

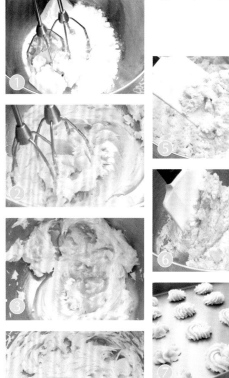

配料：

低筋面粉70g

木薯全粉30g

无盐黄油75g

细砂糖15g

糖粉20g

盐1g、鸡蛋25g

木薯曲奇

做法

❶ 黄油切块，室温软化，加入细砂糖、糖粉和盐，用打蛋器中速搅打至顺滑，
体积稍有膨大，整个过程约5分钟（图①、图②）。

❷ 加入蛋液，继续用打蛋器低速搅打均匀（图③、图④）。

❸ 将木薯全粉、低筋面粉混合后筛入黄油糊中（图⑤）。

❹ 用橡皮刮刀搅拌均匀，看不到干粉即可，勿过度搅拌（图⑥）。

❺ 搅拌好后将面糊装入裱花袋中，根据喜好在烤盘上挤出花纹（图⑦）。

❻ 将烤盘放入提前预热好的烤箱，180℃，烤15分钟，烤至曲奇表面金黄即可（图⑧）。

木薯磅蛋糕

磅蛋糕又称重油蛋糕，面粉一磅、黄油一磅、糖一磅、蛋一磅，全部1∶1的配方让人难以想象，是名副其实的能量君。磅蛋糕组织扎实细腻，满满的黄油香气，尝过一次绝对会爱上它的味道。

小贴士

1. 黄油要提前取出，室温软化，软化后的黄油手指能轻易压下，切勿让黄油融化成液体。

2. 制作磅蛋糕的关键在于黄油的打发，只有充分打发黄油，才能得到口感好的磅蛋糕。

3. 鸡蛋要使用常温蛋，步骤③中的黄油与蛋液一定要充分融合。

4. 蛋液共分三次慢慢加入，每一次都要充分搅拌均匀至光滑细腻后再加入蛋液。

配料：
木薯粉40g、低筋面粉60g
鸡蛋120g
无盐黄油120g
细砂糖120g、泡打粉2g

木薯磅蛋糕

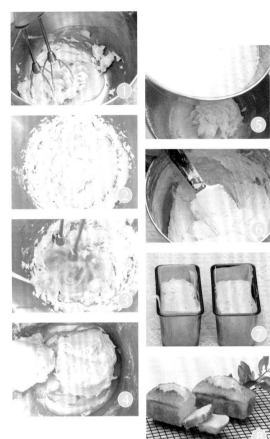

做法

❶ 烤箱上下火预热至180℃。将黄油置于室温下软化，软化后的黄油用打蛋器搅打细腻，加入一半份量的白砂糖，继续用打蛋器搅拌（图①）。

❷ 充分搅拌后再加入剩下一半的白砂糖，充分打发，让黄油的颜色接近白色（图②）。

❸ 加入1/3的常温蛋液，使用打蛋器低速搅拌，充分拌匀后再加入1/3的蛋液，继续搅打至细腻，再加入1/3蛋液打至细腻（图③、图④）。

❹ 将低筋面粉、木薯全粉和泡打粉混合后倒入筛网，筛入黄油糊中，用橡皮刀从盆底大幅度往上翻搅，一边搅拌一边用另一手转动搅拌盆，直到看不见干粉为止（图⑤、图⑥）。

❺ 将制备好的面糊倒入模具，填至八分满，在桌面上轻轻扣几下排出内部空气（图⑦）。

❻ 将模具置于烤盘上，放入烤箱，180℃烤40分钟，当面糊呈现金黄色时，使用竹签插入蛋糕中，拔出时干净无黏附面糊表示已烤熟，取出，冷却脱模即可（图⑧）。

1. 全蛋在40℃左右下最容易打发，所以在打发全蛋的时候，可把打蛋盆坐在温水里，使全蛋更容易打发。

2. 倒入油脂后，需要耐心并且小心地数次翻拌，才能让油脂和蛋糕糊融合，一定不要划圈搅拌。

3. 海绵蛋糕不要烤得时间太长，否则会导致蛋糕口感发干。

木薯海绵蛋糕

海绵蛋糕是最基础的蛋糕之一，因其结构像多孔海绵而得名，分为全蛋蛋糕和分蛋蛋糕两种，这里介绍的是全蛋蛋糕。与磅蛋糕相比，它质地松软而更有弹性，虽没有戚风蛋糕那么细腻，却胜在简单。

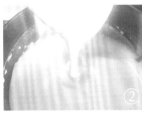

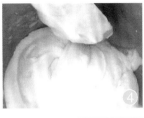

配料：
鸡蛋100g
低筋面粉40g、木薯全粉60g
细砂糖70g
植物油或融化的黄油30g
(6寸圆形模具)

木薯海绵蛋糕

做法

❶ 称量材料，鸡蛋提前从冰箱取出回温，低筋面粉和木薯全粉混合后过筛。

❷ 鸡蛋打入盆中，一次性倒入细砂糖，用打蛋器打发（图①）。当提起打蛋器，滴落下来的蛋糊不会马上消失，盆里的蛋糊表面可以画出清晰的纹路时，表明已经打发好了（打发过程约需15分钟，图②）。

❸ 分二到三次加入混合好的面粉，用橡皮刮刀从底部往上翻拌，使蛋糊和面粉混合均匀。不要划圈搅拌，以免蛋糊消泡（图③、图④）。

❹ 在搅拌好的蛋糕糊里倒入植物油或者融化的黄油，继续翻拌均匀（图⑤）。

❺ 在模具里铺上油纸，把拌好的蛋糕糊全部倒入模具（图⑥）。

❻ 把蛋糕糊抹平，端起来在地上用力震几下，可以让蛋糕糊表面变得平整，并把内部的气泡震出来。

❼ 把烤盘送入预热至180℃的烤箱，烤30~35分钟，用牙签插入蛋糕里面，拔出来后牙签上没有粘上蛋糕，就表示已经烤熟。

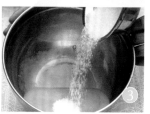

配料：
低筋面粉60g、木薯全粉40g
牛奶适量、细砂糖60g
(40g放入蛋白、20g放入蛋黄)
蛋黄80g、蛋白160g
色拉油60g、盐1g
(8寸圆形模具)

木薯戚风蛋糕

做法

❶ 将木薯全粉、低筋面粉过筛，鸡蛋蛋黄和蛋清分离，盛蛋白的盆要保证无油无水，烤箱预热至上下火170℃。

❷ 用打蛋器将蛋清充分搅打至鱼眼泡沫状（图①），加入1/2的细砂糖继续搅打至细泡沫状；再加入剩下1/2的细砂糖，继续搅打。当蛋白比较浓稠，表面出现坚挺的纹路，提起打蛋器时，蛋白能拉出一个短小直立的尖角，表明蛋白已经打发好了（图②）。

❸ 将蛋黄打散，加入20g的细砂糖，用手动搅拌器搅拌均匀（图③）。然后加入色拉油和牛奶，并搅拌均匀（图④）。再加入过筛后的低筋面粉和木薯全粉，用橡皮刀轻轻翻拌均匀，直到看不见干粉，不要过度搅拌，以防面粉起筋。

❹ 将1/2打好的蛋白加到蛋黄糊中，用橡皮刮刀轻轻从底部往上翻拌均匀(图⑤)，再加剩下的1/2蛋清，用同样的方法搅拌均匀（图⑥）。

❺ 将混合好的蛋糕糊从距离模具15厘米高的地方，倒入模具中（图⑦），抹平，用手端住模具在桌上用力震几下，震出内部的大气泡（图⑧）。放进预热好的烤箱，170℃，约60分钟。用牙签插入蛋糕，拔出时不粘连表示内部已烤熟。

❻ 烤好后的蛋糕倒扣在冷却架上冷却，用整形刀、牙签辅助脱模（图⑨）。

贴士

1. 装蛋清的容器要确保无水无油，蛋白打发的程度非常关键，打发不到或过头均影响蛋糕质量。如果搅打过头，蛋白开始呈块状，造成制作的失败。

2. 橡皮刮刀要从底往上搅拌面糊，以便确认容器底部是否还有蛋白未搅拌均匀。不要划圈搅拌，以免蛋白消泡。

雷明顿蛋糕

简单的海绵蛋糕，外面裹上奶油或果酱和一层椰丝，带来全新的口感。这种粘上果酱包裹椰蓉的蛋糕，可以防止蛋糕很快地变得干硬，使隔夜的蛋糕变得好吃。

小贴士

1. 雷明顿蛋糕体可以换成木薯戚风蛋糕，奶油可以改成各种果酱。
2. 将做好的雷明顿蛋糕在冰箱冷藏后享用更美味。

配料：
木薯海绵蛋糕
淡奶油
白砂糖、椰蓉

雷明顿蛋糕

做法

❶ 按木薯海绵蛋糕方法制作蛋糕体，可使用方形或长方形模具烤制（图①）。待蛋糕冷却后，切去蛋糕四边，然后将蛋糕切成正方块（图②）。

❷ 将淡奶油加入白砂糖，用打蛋器打发到奶油能看到清晰的纹路，打蛋器提起能拉出坚挺的角（图③）。

❸ 将蛋糕块的六个面都裹满奶油，放入椰蓉中滚一圈即可（图④、图⑤）。

小贴士

1. 不要等蛋糕完全冷却后再撕下油纸，否则蛋糕可能会沾在油纸上。

2. 木薯叶粉的制备是将可食用木薯叶干燥粉碎得到的。

配料：
低筋面粉70g，木薯叶粉30g
白砂糖60g
（40g放入蛋白，20g放入蛋黄）
蛋黄80g，蛋白160g，盐1g
色拉油60g，沙拉酱或果酱

木薯叶蛋糕卷

做法

❶ 根据戚风蛋糕的制作方法制作好蛋糕蛋白糊。不同的是蛋白的打发程度，当提起打蛋器时，蛋白能拉出弯曲的尖角，打发至湿性发泡，表明蛋白已打发好了（图①）。

❷ 根据戚风蛋糕的制作方法制作好蛋糕蛋黄面糊。将过筛后的低筋面粉和木薯叶粉加入搅拌好的蛋黄糊中（图②），用橡皮刀轻轻翻拌均匀，直到看不见干粉。

❸ 把做好的蛋糕糊倒入铺了油纸的8寸烤盘。将面糊尽量抹平，用手端起烤盘，用力震两下，排出蛋糕糊内部的气泡（图③）。

❹ 把烤盘放入预热好的烤箱，上下火175℃，烤18分钟左右出炉。脱模，稍冷却后把四周的蛋糕纸趁热撕开（图④）。

❺ 把蛋糕重新铺放在油纸上，待蛋糕冷却，在蛋糕表面涂上一层沙拉酱或果酱（图⑤）。借助擀面杖，卷好蛋糕卷，并用油纸包裹起来（图⑥）。

❻ 把卷好的蛋糕卷放进冰箱冷藏30分钟定型，撕开油纸，并切片即可。

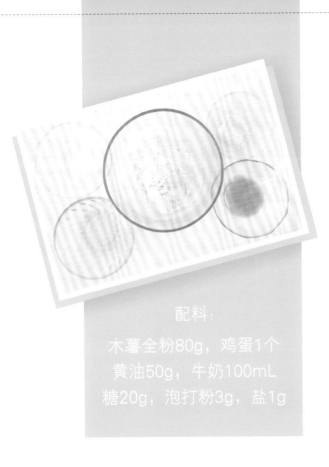

配料：

木薯全粉80g，鸡蛋1个
黄油50g，牛奶100mL
糖20g，泡打粉3g，盐1g

木薯华夫饼

做法

1. 黄油隔温水融化，将少许食用油涂抹在烤盘，进行预热。将木薯全粉、泡打粉、盐、糖混合均匀。

2. 将蛋黄和蛋白分开，将蛋黄加入到混合好的木薯全粉中（图①）。

3. 将黄油、牛奶加入到木薯全粉中，混合均匀，将蛋白打发至硬性泡沫（图②）。

4. 将打发好的蛋白加入木薯全粉糊中，混合成光滑无颗粒的糊状（图③）。

5. 将打匀的面糊倒入预热好的华夫饼烤盘上，面糊应扩散到烤盘的8分满，防止过多的面糊溢出烤盘，盖上华夫饼机器，加热5~6分钟，观察华夫饼炉没有蒸汽冒出即可起锅（图④）。

木薯鸡蛋饼

配料:

木薯全粉200g
鸡蛋2个、水100mL
盐、油适量

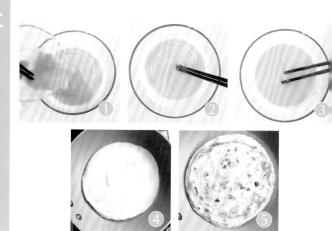

做法

❶ 木薯全粉里加入盐和水调成糊状（图①）。

❷ 全蛋打散，加入到木薯糊中，搅拌均匀（图②、图③）。

❸ 平底锅倒入一层薄油，倒入一定量的木薯糊，小火煎至一面金黄后翻面（图④）。

❹ 煎至两面金黄色即可出锅（图⑤）。